U0222111

图书在版编目（CIP）数据

快乐的数字 / 上海美术电影制片厂著 . — 沈阳：
春风文艺出版社 , 2022.5
　　ISBN 978-7-5313-6207-4

　　Ⅰ . ①快… Ⅱ . ①上… Ⅲ . ①数学—儿童读物 Ⅳ .
① O1—49

　　中国版本图书馆 CIP 数据核字（2022）第 037075 号

北方联合出版传媒（集团）股份有限公司
春风文艺出版社出版发行
http://www.chunfengwenyi.com
沈阳市和平区十一纬路 25 号　邮编：110003
辽宁新华印务有限公司印刷

责任编辑：韩　喆　王晓娣　　　责任校对：陈　杰
装帧设计：杨光玉　　　　　　　美术支持：天鲸文化
印刷统筹：刘　成　　　　　　　幅面尺寸：260mm × 195mm
字　　数：31 千字　　　　　　　印　　张：2
版　　次：2022 年 5 月第 1 版　　印　　次：2022 年 5 月第 1 次
定　　价：38.00 元　　　　　　　书　　号：ISBN 978-7-5313-6207-4

快乐的数字

上海美术电影制片厂　　著

北方联合出版传媒（集团）股份有限公司
春风文艺出版社
·沈 阳·

窗外的蓝天上布满了
小星星，
这屋子里静悄悄的，
调皮的小青蛙，
你怎么还没安睡呢？

哎，
你在听什么？
哦——
原来是书里发出的声音，
你看，
出来了！

吼吼，
是你们哪。

哎——哎，
还少一个。
少个谁呀？
少个 0 ！

这时候，

小猴也从木马上跳下来——

我们来做好朋友一起玩好吗？

好哇！

那请你们排好队。

我排这儿！

我排这儿！

别挤，还有我呢。

唉，乱七八糟的，
队都不会排。

0 一心想和 9 排在一起，
可是没想到谁都不要它，
它只好和 1 排在一块儿。

听着，
我来教你们，
这叫化装变戏法，
挨着个儿来。

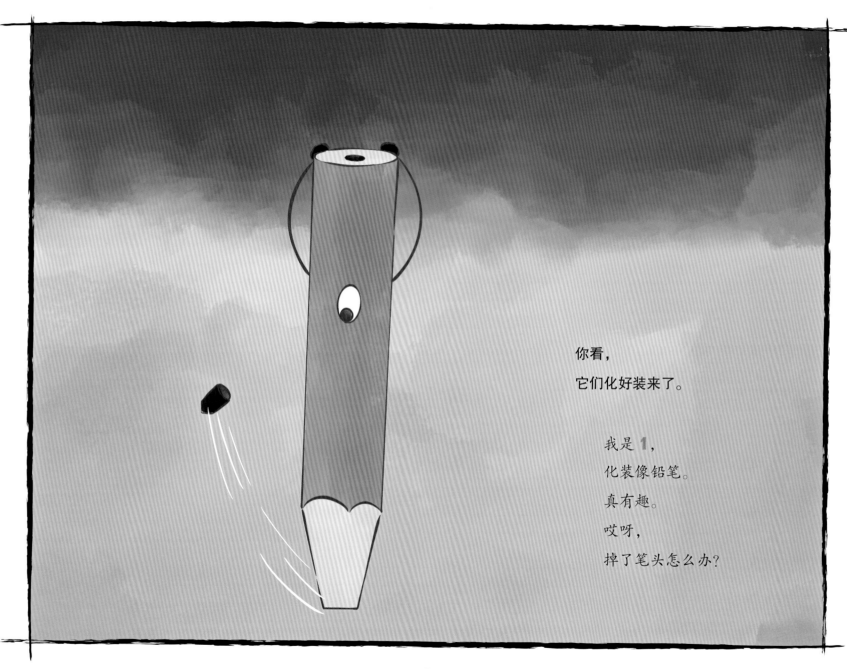

你看，
它们化好装来了。

我是 **1**，
化装像铅笔。
真有趣。
哎呀，
掉了笔头怎么办？

我是天鹅削笔刀，
笔头断了帮你削，
原来我是 2。

我像一张弓，
弯弓又变鸟儿，
鸟儿飞上天，
原来我是3。

我是一把伞，
变成三角板，
变棵小树你们看。

请你猜猜，

我们是谁？

我来啦，
我来啦，
数字里边我最大！

我是大轮子，
大皮球，
大鸭蛋！

数字们玩着、闹着、吵着，
小猴的耳朵都要受不了了。
他推来一杯水，
招呼大家过来洗干净。

0 说，

让我试试！

上来呀。

我上不来呀，

怎么办？

帮帮它吧。

　　快，加把劲儿！

　　　　请上来吧。

小青蛙看傻了，
真想变成小白蛙。
可是……

哎呀，
怎么变成个黑蛙了？

过来两个好朋友，

可到底是 **6** 还是 **9**，

小猴分不出来了。

立正，

过来，

你们也过来。

又像 **5**，

又像 **2**，

这又把小猴给难住了。

立正,

报数!

0, 1, 2, 3, 4, 5, 6, 7, 8, 9。

0 心里不高兴了,

　老让我和 1 排在一块儿,真没劲!

小猴眼睛一转，说，

我来教你们拔河，

玩的是比力气。

五个一队，

站两队，

个儿大的站后边。

个儿大的站后面。

我到前面去。

准备!
谁拉过了线就赢了，
开始!

加油加油!

O 心里很得意，
看我的!
只要我一使劲儿，
你们谁也拉不动。

可 **9** 心里有点儿不服气，
它想，它们的数字那么小，
我们的数字比它们大几倍。
对，和它们比数字！

我们不玩这个了，
这个不好玩，
要玩嘛，
比比谁的数字大。

好，比就比！
就来玩比数！
5 比 **1**，
5 比 **2**，
5 比 **3**，
5 比 **4**，
都是 **5** 大！

0 拉着 **1** 说：

　　我的个儿大，

　　和你一起上。

10 大。

大家伙儿抢着跟 **0** 在一起。

　　到我这儿来吧，

　　到我这儿来！

最后 **9** 抢到了。

90 最大。

看到大家都要依靠它，

0 非常得意，

就连 **9** 它都不放在眼里。

它高兴得像长了翅膀，

飞呀飞呀，

骄傲极了。

可是，

离开了大家，

0 什么作用都没有了，

瞧它多么孤独哇，

它难过地哭了起来。

为了让 O 高兴起来，
小猴给大家变起了魔术。

可别眨眼哦！

中国制造
Made in China

大伙儿快过来!

1 撞到了 **0**,

哎哟! 对不起。

没关系。

红了, 又绿了!

开始演出了, 准备!

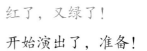

十个小伙伴，

大家团结紧，

缺了谁都不行，

手拉手多亲近，

像个快乐的大家庭！

哟，
天快亮了，
大家快回去吧！

五点了，

天亮了，

小伙伴们又恢复了原来的模样，

高高兴兴地回到了课本里，

它们不会忘记这个可爱的晚上。

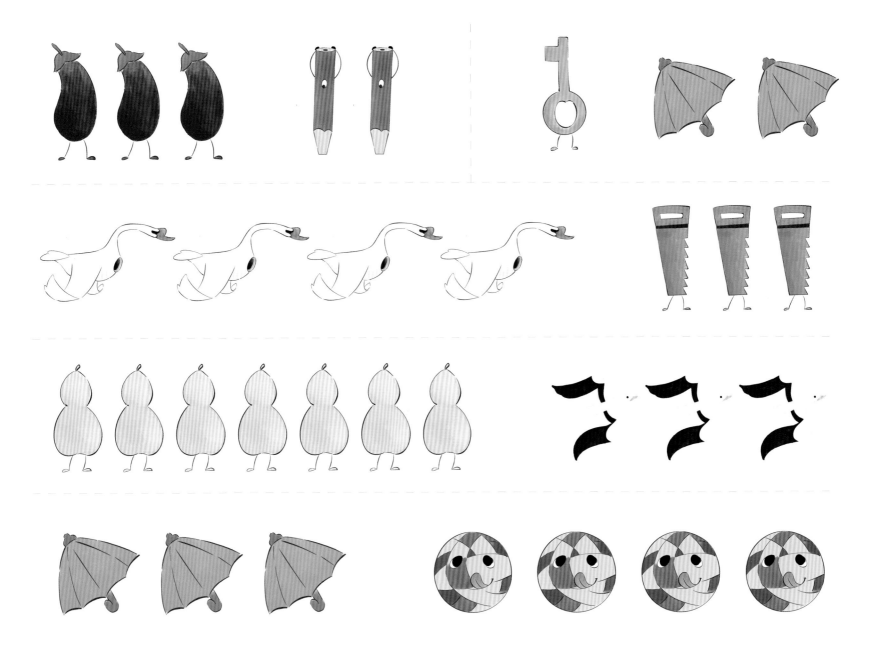

数字们又变身了，哪边的数量多，你看出来了吗？

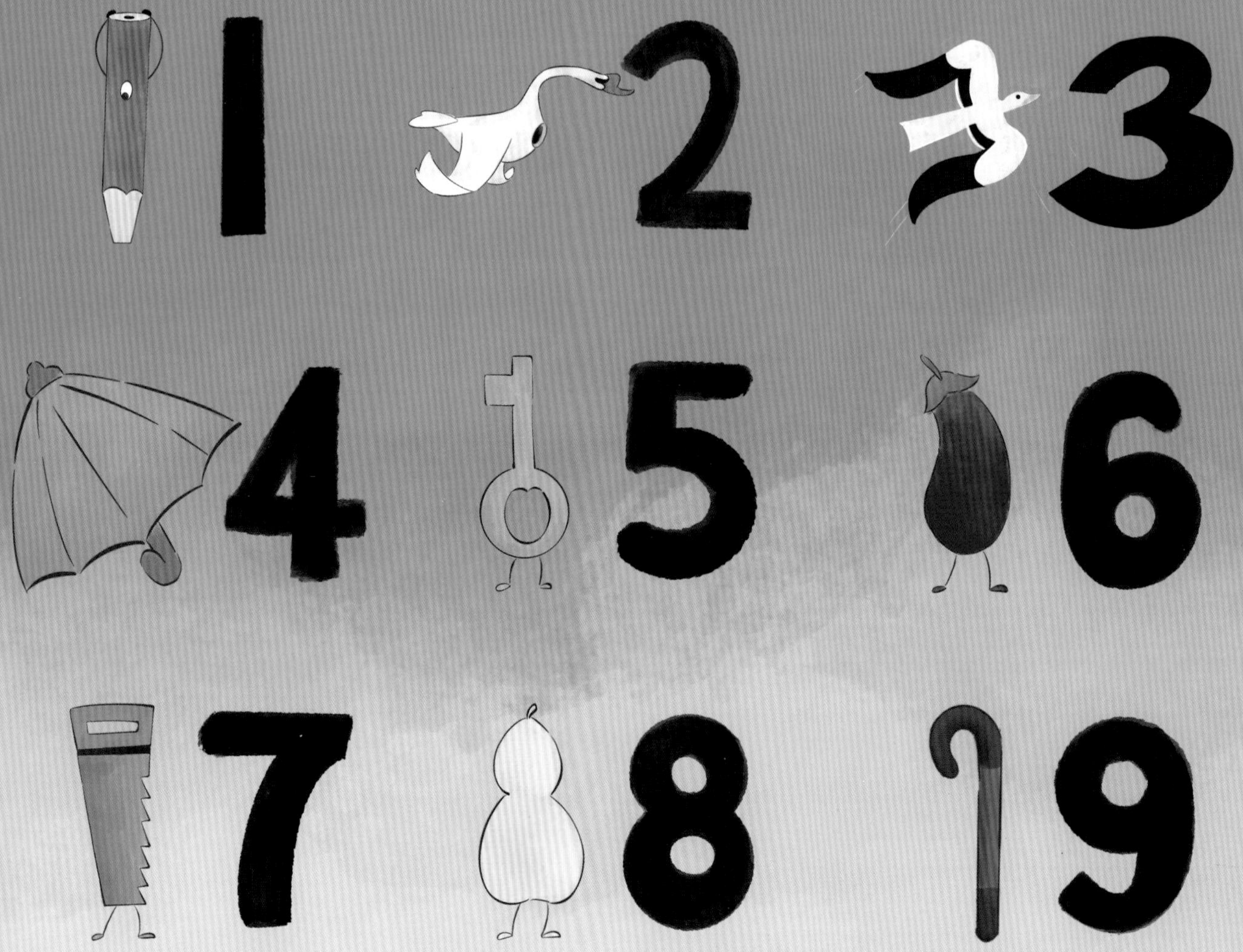
1
2
3
4
5
6
7
8
9